小小牛顿

科学启蒙
—大百科—

东西的里面

牛顿出版股份有限公司 / 编著

U0166295

宝贵的
地球家园

外语教学与研究出版社
北京

东西的里面

小朋友的好奇心很强，看到盒子、箱子和桶，就想打开看里面有什么东西。除了这些，你想不想看看蔬菜、水果、面包、蛋糕和糖果的里面呢？

这个奇怪的盒子里有什么呢？让我看看。

3

从东西的外面看，不一定能看出里面有什么，切开来才知道里面的样子。

可是有些东西很难切开，这样就不知道里面是什么样子的了！

看我的！

我用万能棒让你们看
看这些东西的里面！

原来是这样啊！

阿宝哥的万能
棒真厉害！

胡椒瓶里面只剩下一点点
胡椒。

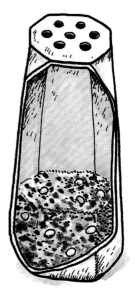

削铅笔机里有螺旋状的
刀片，转动它，就可以
削铅笔。

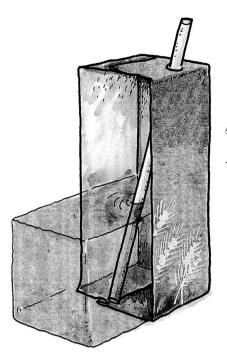

铝箔包装里面亮亮的东西，
可以防止细菌跑进去。

玩具熊里面塞满
了棉花。

画笔里面有一条海绵，
吸满了绿色墨水。

棒球里面有羊毛线。

存钱罐里有纸币和硬币。

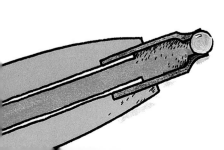

圆珠笔里面有笔芯，
笔芯里面是油墨。

看看东西的里面，还可以了解一些
原理。

不倒翁为什么
不会倒？

布偶为什么会动来动去？

为什么肚子疼，
又拉不出大便？

洗手池为什么
积了好多水？

原来是人的手在操
纵布偶，这样布偶
才会动来动去。

原来不倒翁底部有重重的
铅块。下面较重，上面较
轻，重心很低，推倒又会
站起来。

水管里塞了好多东西，
水才没办法流出去。

原来明明不爱喝水、
不吃青菜，大便太硬，
堵在了肠子里。

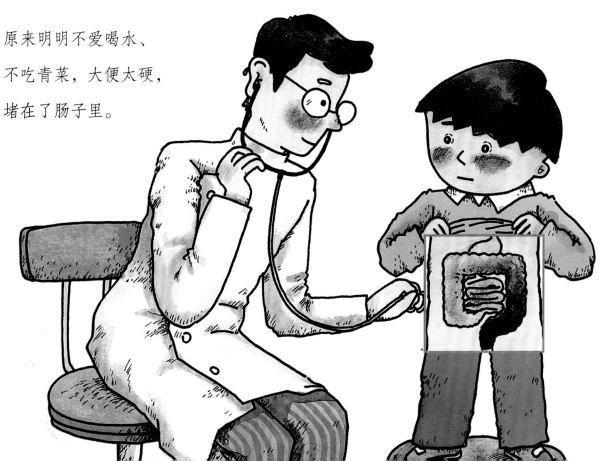

家里有许多物品用起来很方便，这也和它们的内部设计有关，一起来看看吧。

水龙头

水龙头里有螺栓和密封垫，它们可以让水通过或把水堵住，从而控制水流。

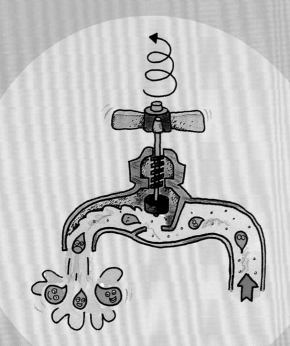

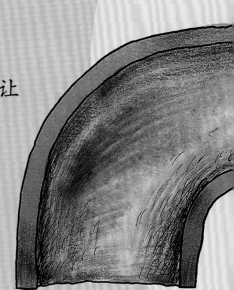

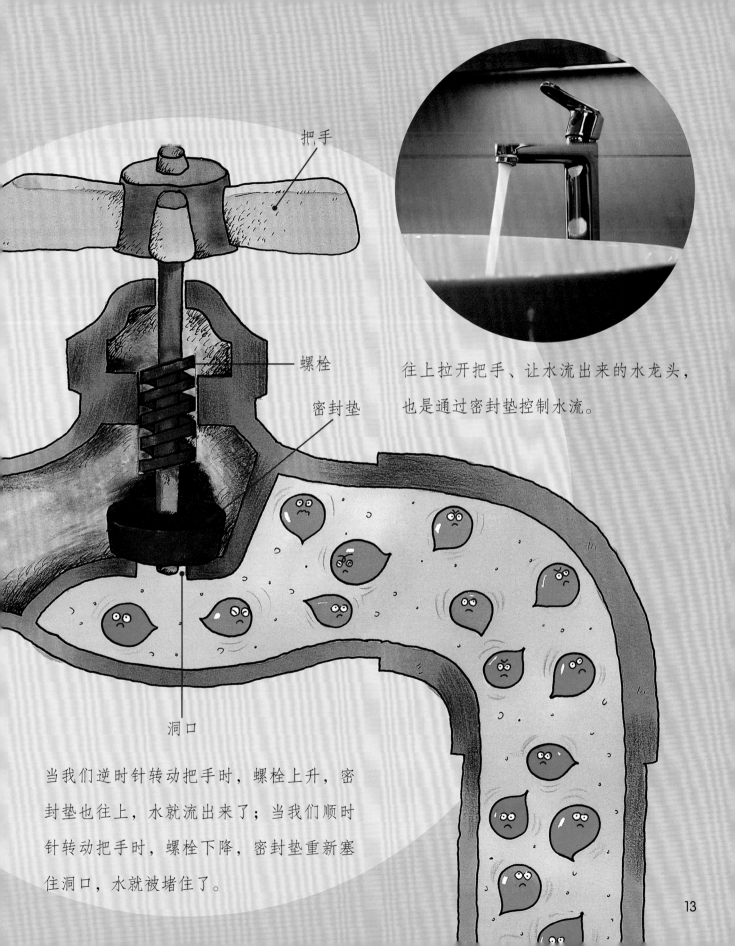

把手

螺栓

密封垫

往上拉开把手、让水流出来的水龙头，也是通过密封垫控制水流。

洞口

当我们逆时针转动把手时，螺栓上升，密封垫也往上，水就流出来了；当我们顺时针转动把手时，螺栓下降，密封垫重新塞住洞口，水就被堵住了。

卷纸和抽纸

为什么卷纸和抽纸可以抽出来呢？

卷纸是由一条很长的卫生纸卷成圆筒状的。卷纸上有一条条压纹，这样抽出来时才容易拉断。

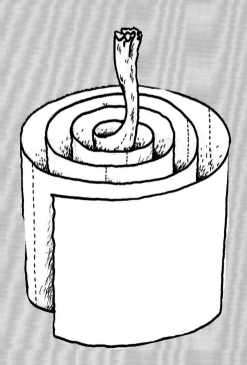

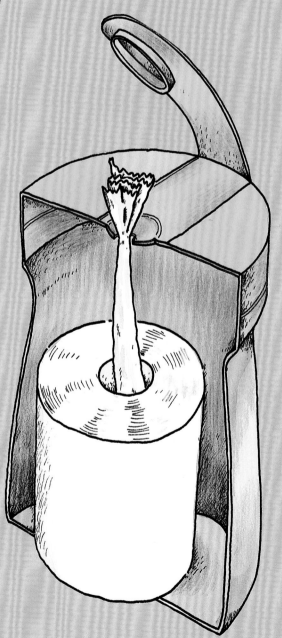

抽纸是一张张叠起来放进盒子里的，当第一张抽纸被抽起来时，因为它的下半张和第二张纸重叠，就会带动第二张纸被抽起来，第二张又带动第三张……所以可以一张接着一张被抽出来。

电热水瓶

为什么压一下电热水瓶，水就会流出来呢？看看里面，原来是利用空气压力设计的。

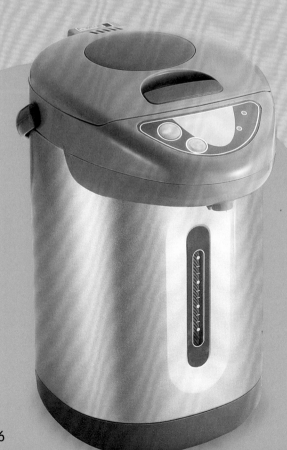

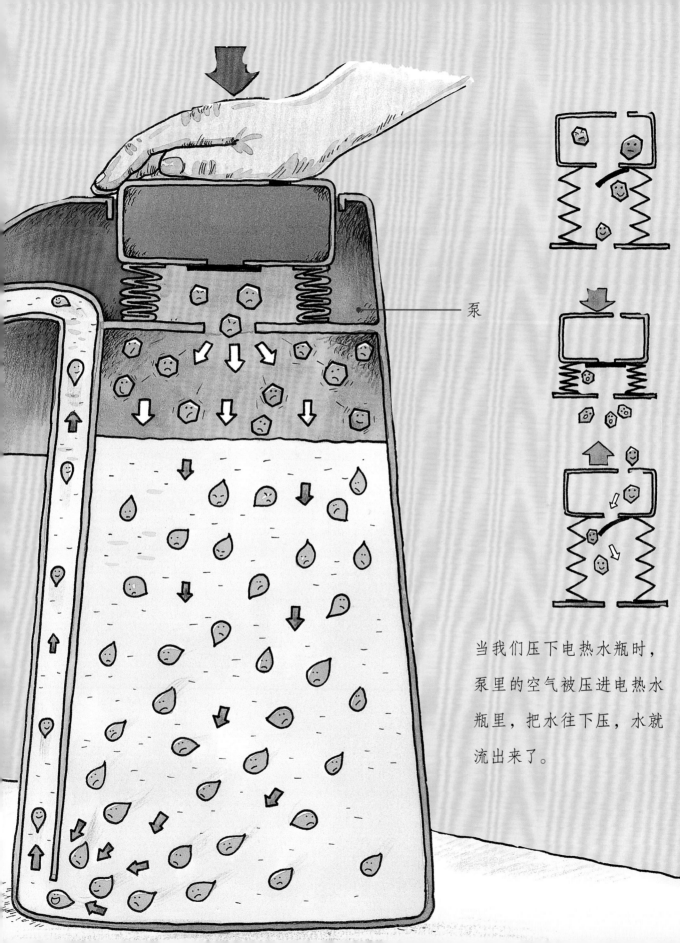

泵

当我们压下电热水瓶时，泵里的空气被压进电热水瓶里，把水往下压，水就流出来了。

17

不只食物、生活用品里面的样子不同，如果我们透视每栋房子的里面，也能发现里面住的人不同，放的东西不同，大家在里面做的事情也不相同！

给父母的悄悄话：

　　孩子好奇心很强，喜欢把东西拆开，一探究竟。本故事介绍了常见物品的内部结构。生活中，父母也可以利用能切、能拆的物品，和孩子进行相关讨论。当然，父母也应该和孩子约法三章，实验所用物品必须是经过父母准许的。

豆芽

我们吃的绿豆芽，是绿豆长出来的嫩芽。绿豆发芽后长得很快，大约一个星期就可以长成我们吃的绿豆芽。

绿豆种子

种皮裂开　　　　长出根来

自己种绿豆芽

准备材料

绿豆　　　棉花　　　盘子

步骤

①把绿豆放在　②在盘子里铺上　③放上绿豆。

水中泡一天。　棉花，加水。

绿豆芽越长越高

叶子渐渐张开

长出小叶子

子叶

从土里钻出来

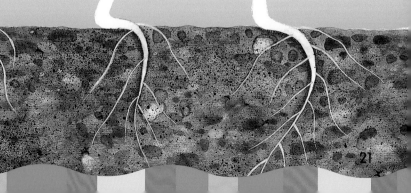

绿豆发芽时需要很大的力气，才能撑开泥土和石块。我们也可以试着用大石头把绿豆压住，看看这样绿豆芽还能不能长出来。

绿豆还没有发芽时……

绿豆发芽后，把石头都顶起来了。

① 绿豆的力气要很大，才能从土里冒出来。

② 一颗绿豆的力气很难推动石头。

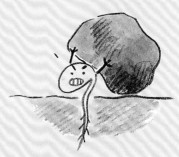

③ 好多颗绿豆一起发芽，就能把石头顶开了。

23

豆芽真好吃

　　豆子长出的芽，就叫豆芽，常见的有绿豆芽、红豆芽、黄豆芽等，每种豆芽的大小、粗细都不一样。

　　但是，每种豆芽都很有营养，因为它们都是用尽豆子里储存的养分长出来的！

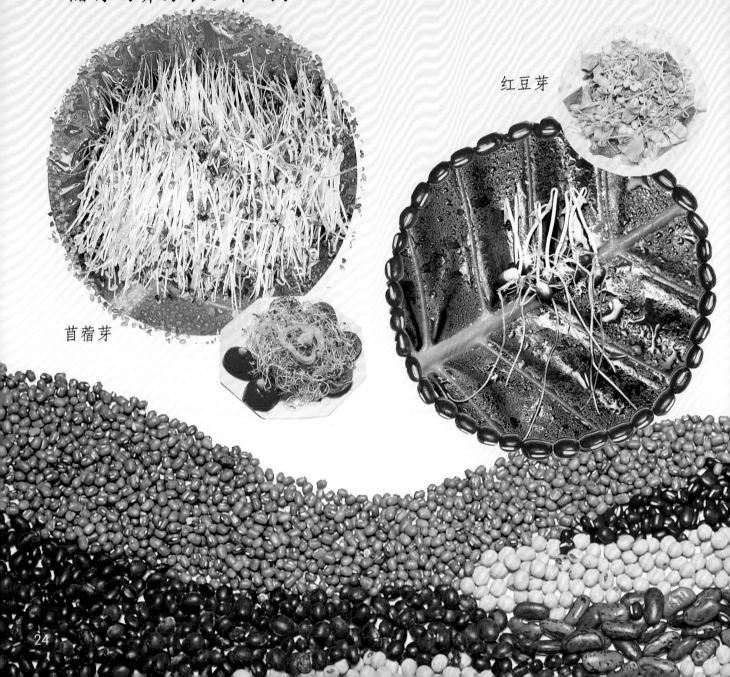

苜蓿芽

红豆芽

绿豆芽

黄豆芽

给父母的悄悄话：

　　豆芽生长迅速，容易栽培，是孩子观察植物的好选择。父母不妨在家中带孩子一起栽培豆芽，锻炼孩子的观察能力。

山中遇猴记

爬山时，我们在树上发现了小猴子。小猴子很顽皮，在树上跳来跳去。等肚子饿了，小猴子就躲进猴妈妈的怀里喝奶。

看我多厉害，我跳！

妈妈，你在做什么？

宝宝，你好棒。

哇！是小猴子！

妈妈在帮阿姨理毛，
我只好自己玩了。

宝宝，你慢慢喝。

27

小猴子吃饱后睡着了，猴妈妈温柔地帮小猴子清理毛发。我们还看到其他猴子，有些在帮同伴理毛，有些爬到树上，还有些在捡地上的食物，真有趣。

宝宝，妈妈帮你理毛。

就像妈妈帮你梳头发一样。

理毛时，我们会找毛发里的盐粒或小虫子来吃。

我们是爬树高手，
常在树上活动。

蔬菜、水果、树叶，
我们都爱吃哦！

我以为猴子
只吃香蕉。

给父母的悄悄话：

　　猴子喜欢吃水果、嫩树皮和嫩叶等。为了抢食物，猴子会把一时吃不下的食物存放在脸颊旁的颊囊里，等抢完食物再吐出来咀嚼。帮同伴梳理毛发是猴子表示亲昵的方式，并不一定是为了抓小虫子或是找盐粒吃。

我爱做实验

玩具电话真好玩

用各种物品都可以做成"电话"，来看看"电话"是怎么做的吧！

用两个纸杯穿上线，就可以和朋友"打电话"了。注意线要拉直！

做法：

分机的制作方法

有人加入，可以用回形针接分机。

纸杯电话

铝罐电话

在铝罐上打洞，穿上铁丝，做成铝罐电话。

做法：

纸漏斗、塑料管也可以拿来做成电话。

做法：

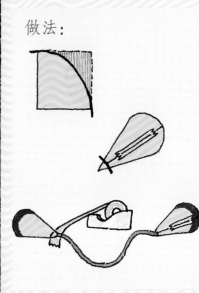

纸漏斗电话

再试试饼干盒电话！

做法：

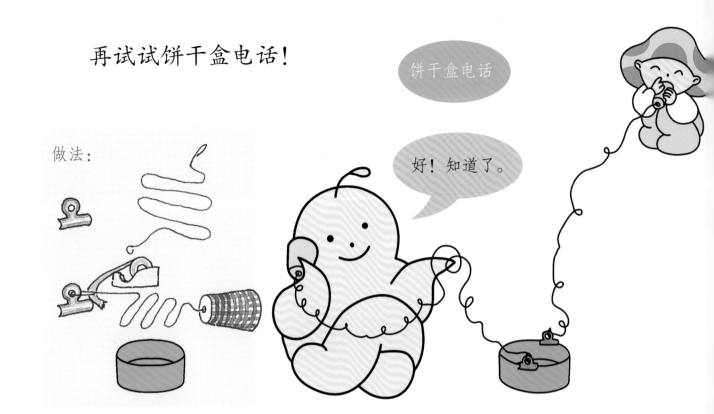

饼干盒电话

好！知道了。

气球电话

小洁说今天是她生日，她请大家吃"打"糕！

32

是"蛋"糕吧！

哎哟，下次换我来听！你们都听不明白。

气球也可以用来做成电话。

给父母的悄悄话：

物体振动会产生声音，而我们听到的声音，是由空气做媒介，传送到耳朵里的。除了空气、棉线、铁丝、气球等都能传送声音。

33

草丛里的秘密

兔子特别容易害羞，朋友们在一起玩的时候，它只敢躲在大树后面偷偷看。

34

火鸡最喜欢告诉朋友们新鲜事，因为每逢此时，它就觉得自己比别人更有学问。

　　这一天，火鸡又在草原上寻找新鲜事。走来走去的时候，它发现草丛里有一个很漂亮的盒子。

　　火鸡在盒子旁看了很久，它认为里面一定装着非常神秘的东西。于是，火鸡嚷起来："草丛里有一个神秘的盒子！"

动物们都非常好奇。小猪在盒子四周闻来闻去，没有闻到什么特别的味道。它说："没有香香的味道，一定不是能吃的东西。"

兔子躲在大树后面看，它很想对小猪说："快打开看看吧！"

可是，兔子只是默默地在心里想着，并没有说出来。

　　小猫把盒子拿起来摇一摇，听到"咔啦咔啦"的声音："有咔啦咔啦的声音，一定是好玩的东西。"

　　这一次，兔子开口说话了："快打开看看！"

　　可是它说话的声音实在太小，而且还没说完，就被鼹鼠洪亮的声音打断了："让我来摸摸看！"

　　兔子只好又缩到大树后面。

鼹鼠仔细地打量盒子，发现盒子上刻着几个字。

大家凑过来看，只见盒子上刻着"请打开"三个字。

它们说："对呀！为什么我们不打开看看呢？"

鼹鼠打开盒子，盒子里弹出一个兔子小丑。小丑的手上拿着一张纸，上面写着：我好想和你们一起玩！兔子上。

大家看到以后，都说："哇！兔子好厉害，竟然做出了这么有趣的盒子。"

"我早就想和兔子做朋友了。它在哪里呢？"

"我要请它教我做这个玩具。"

动物们边说边找兔子。小猫最先发现了躲在大树后面的兔子，它冲兔子喊道："兔子，你在这里呀！我们都在找你！"

　　"兔子，请教我做这个玩具。"

　　兔子又害羞又得意地教动物们做这个弹簧玩具，它们边做边玩，开心极了！

为什么橡皮擦能擦掉铅笔字迹

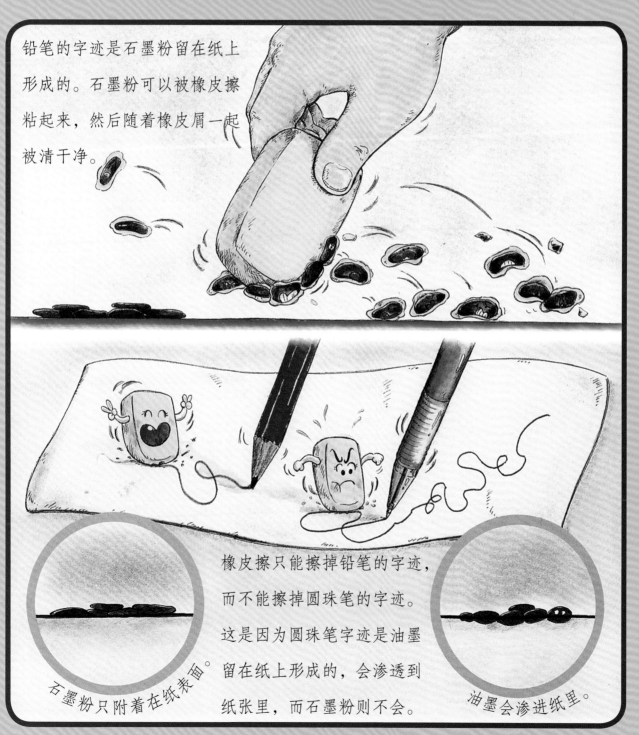

铅笔的字迹是石墨粉留在纸上形成的。石墨粉可以被橡皮擦粘起来，然后随着橡皮屑一起被清干净。

石墨粉只附着在纸表面。

橡皮擦只能擦掉铅笔的字迹，而不能擦掉圆珠笔的字迹。这是因为圆珠笔字迹是油墨留在纸上形成的，会渗透到纸张里，而石墨粉则不会。

油墨会渗进纸里。

41

压岁钱怎么用

新年时，小伟收到好多压岁钱，这些钱应该怎么花呢？

买自己喜欢的东西。

给父母的悄悄话：

　　拿到压岁钱总会令孩子雀跃不已。但是，孩子最直接的想法可能是买喜欢的玩具或吃的东西。此时，父母可以借机培养孩子的理财观念。

交给父母保管。

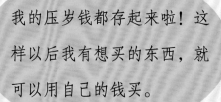

我的压岁钱都存起来啦！这样以后我有想买的东西，就可以用自己的钱买。

自己存起来。

43

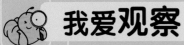

松果里的种子

　　松果由一片片像木片的种鳞所组成。每片种鳞内侧有种子，种子上长有薄翅。当松果成熟，种鳞会张开，种子就掉下来，随风飘走。所以，我们捡到的松果里通常已经没有种子了。